U0191706

罗克数学荒岛7
历险记

数学擂台争霸赛

达力动漫 著

SPM
南方出版传媒

全国优秀出版社
全国百佳图书出版单位

广东教育出版社

·广 州·

目录

蛋糕节风波

数学擂台

3

蛋糕节
风波

奇怪的闹钟

清晨，阳光照射到校长的房间，闹钟铃响个不停，正在床上呼呼大睡的校长迷迷糊糊地伸出手去按停闹钟，谁知道闹钟怎么按都不停。校长半梦半醒之间，把闹钟拿到面前一看，只见闹钟的屏幕上，弹出了一道数学题：

在各个8之间插入算术运算符号，使每个式子都成为等式。

$$8\ 8\ 8\ 8=10$$
$$8\ 8\ 8\ 8=15$$
$$8\ 8\ 8\ 8=56$$
$$8\ 8\ 8\ 8=65$$
$$8\ 8\ 8\ 8=80$$
$$8\ 8\ 8\ 8=120$$
$$8\ 8\ 8\ 8=192$$
$$8\ 8\ 8\ 8=520$$

校长揉了揉眼睛，清醒了一点，说道："差点忘记了，这个是我新研究的做题闹钟，一定要答对闹钟上面的随机数学题，才能让它停止。"校长得意地说："真是一个伟大的发明！"

校长坐起来，认真地看了看闹钟上显示的题目，然后开始解答：

$$[(8+8)\div 8]+8=10$$
$$8+8-(8\div 8)=15$$
$$[8-(8\div 8)]\times 8=56$$
$$(8\times 8)+(8\div 8)=65$$
$$(8\times 8)+8+8=80$$
$$[(8+8)\times 8]-8=120$$
$$(8+8+8)\times 8=192$$
$$(8\times 8\times 8)+8=520$$

填出了正确答案后，闹钟的闹铃终于停止。

算式谜（1）

在一个数学运算式里，有些数字或运算符号未确定，需要我们开动脑筋，进行合理分析推理，从而揭开谜底，找到对应的数字或运算符号，这种问题被称为"算式谜"。

解决方法：判断、推理（数位分析、倒推法等）、尝试。

关键：根据口诀、运算符号、运算法则、数字特征等找准突破口。

例 题

在下面的□里填上"+""−""×""÷""（ ）"等符号，使各个等式成立：

4□4□4□4＝1

4□4□4□4＝3

4□4□4□4＝5

$4\square4\square4\square4=7$

$4\square4\square4\square4=9$

$(4+4)\div(4+4)=1$

$(4+4+4)\div4=3$

$(4\times4+4)\div4=5$

$4-4\div4+4=7$

$4+4+4\div4=9$

牛刀小试

将数字0、1、3、4、5、6填入下面的□内，使等式成立，每个空格只填入一个数字，并且所填数字不能重复。

$\square\times\square=\square2=\square\square\div\square$

5

早起的鸟儿有虫吃

校长伸了一个大大的懒腰，走下床，去洗手间刷了个牙，洗了个脸，然后踏着轻快的步子走到厨房里那个比他高一倍的冰箱面前，开心地说："早起的鸟儿有虫吃，哈哈，丰富的早餐能让人精神百倍啊！"

说完，校长打开了冰箱门，只见高高的冰箱里面，分了三大层，最下面的一层空空如也，什么都没有。"我的早餐呢？"校长惊讶地踮起脚尖，往第二层看去，里面就剩下几个被喝得一干二净的牛奶罐。"啊！我的牛奶，我的培根，我的煎蛋呢？"校长揉了揉眼睛，以为自己在做梦。

　　"不怕！不怕！还有蛋糕！"校长用力爬到冰箱的最高一层，探头往里面一看，居然也是什么都没有！"我的蛋糕呢？为什么也不见了！Milk！你给我出来！"校长咆哮道。

校长全身力气都压在了冰箱的上方，冰箱慢慢向前倾斜，突然倒了下来，把校长压在了下面。校长大喊："救命！救命！"

　　"来了，来了！"正在房间偷吃的Milk听到校长的叫喊声，连忙把剩下的蛋糕一口塞进了嘴巴里面。

　　Milk来到厨房，他只看见了一个倒下的冰箱。"校长？你在哪儿啊？"Milk疑问道，"叫我来，自己又不见了？"冰箱突然原地动了几下，并传来了校长的声音："放我出去！放我出去！"Milk恍然大悟，立马上前抬起冰箱，只见校长被压在冰箱下面。

　　Milk好奇地问："校长，你为什么躲在冰箱里面？"校长愤怒地站起，对着Milk生气地喊道："还不都是因为你！冰箱里面的食物，是不是全部都被你吃掉了？"

　　Milk害怕地急忙摇摇头："没……没……"校长指着Milk嘴巴旁边的奶油说："还敢否认？你嘴角的是什么？偷吃都不会

擦嘴的家伙，还想骗我？"

Milk用手把嘴角旁边的奶油擦掉，不好意思地说："嘿嘿，让你发现了！"

校长生气地用手戳了戳Milk胖胖的肚子，继续骂道："吃吃吃，一天到晚就只知道吃！"

突然，Milk捂着肚子，脸色难看地叫了起来："哎呀！肚子……肚子疼！"说着，Milk捂着肚子在地上打起滚来了。

"我才轻轻地摸了你的肚子几下，你就打滚了？演得太假了吧。"校长看着Milk不屑地说。

"真的疼，好疼啊！我没有骗你！"Milk痛苦地说道。

"装可怜？我可不吃这一套！"校长还是不太相信。

Milk挣扎着爬起来，向洗手间跑去："哎呀，受不了了，我要去洗手间！"

校长说："呦！原来外星人也会拉肚子

的啊！"

　　洗手间里面，传来Milk痛苦的呻吟声："哎哟……哎哟……"

　　校长这时发现垃圾桶里面被Milk扔掉的蛋糕包装袋，捡起来一看，恍然大悟："哦！原来是吃了过期的蛋糕！活该！谁让你乱吃东西。哈哈哈！"

冰箱的体积和容积

我们常常研究长方体的棱长、表面积、体积和容积。下面我们来看看这个冰箱基本参数的一些秘密。

基本参数

类别	多门冰箱
箱门结构	F+
总容积 / 升	520
机身颜色	水晶【紫】
面板材质	彩晶玻璃
能效等级	一级
尺寸（深 × 宽 × 高 mm）	677×830×1908
重量 /kg	146

例 题

校长打开了冰箱门，只见高高的冰箱里面，分了三大层，最下面的一层空空如也，什么都没有。问：这个冰箱的体积和容积各是多少？

长方形体积=底面积×高

体积：$0.677 \times 0.830 \times 1.908 \approx 1.072$（$m^3$）

容积：520升

牛刀小试

为什么根据冰箱数据算出体积为1.072立方米，相当于1072升，容积却是520升？

校长的新阴谋

经过肚子的一番翻江倒海后，Milk终于扶着墙走出了洗手间。校长看着脸色难看的Milk，得意扬扬地说："嘿嘿，幸亏我没吃这个过期蛋糕，真的谢谢你了。"

校长突然灵机一动，好像想到了什么，自言自语道："咦？如果……罗克他们吃了过期的蛋糕，会不会也和你一样呢？"校长的脸上，露出了一丝诡异而奸诈的笑容："嘿嘿……只要罗克

他们集体拉肚子，那就没有人和我抢答愿望之码的题目了！"

校长坐在办公桌前的椅子上，拿起桌面上的手机，拨通了一个神秘人的电话。

电话那边，传来了神秘人的声音："喂？"

"是我！"校长故作神秘地说，"嘿嘿，我有个大计划，没有你可不行，哈哈哈哈……"

蛋糕的尺寸

"嘿嘿，幸亏我没吃这个过期蛋糕，真的谢谢你了。"校长的蛋糕中也隐藏着数学知识。

蛋糕的"寸"，是指的"英寸"，1英寸=2.54厘米。

1磅蛋糕是6寸，直径为6×2.54=15.24（cm）；

2磅蛋糕是8寸，直径为8×2.54=20.32（cm）；

3磅蛋糕是10寸，直径为10×2.54=25.4（cm）；

4磅蛋糕是12寸，直径为12×2.54=30.48（cm）；

5磅蛋糕是14寸，直径为14×2.54=35.56（cm）；

……………

（寸数－6）÷2+1=磅数。

多层蛋糕：上下两层的尺寸相差最少4英寸。如：8寸蛋糕的下层至少叠12寸，而不能叠10寸。

1磅≈0.4536千克。

例 题

12寸的蛋糕直径多少厘米？大约多少千克？

方法点拨

（12−6）÷2+1=4（磅），12寸的蛋糕重4磅。

直径：12×2.54=30.48（厘米）

重量：4×0.4536≈1.814（千克）

牛刀小试

18寸的蛋糕直径多少厘米？是几磅蛋糕？大约多少千克？

16

国际象棋的黑白格

学校的课堂上，老师正在给罗克、依依他们的班级上数学课。老师看到大家好像都无精打采，于是决定出一道题，考考大家。

"同学们，下面我要开始提问了，各位注意听题了。"老师站在讲台中间，大声地说："国际象棋盘有64个方格，黑白相间，把左上角和右下角的方格各剪去一个，能不能把剩下的62个方格，剪成31个长为2，宽为1的长方形呢？"

老师说完题目，眼睛扫视下面的学生

们，想着让谁上来回答好。

谁知道，同学们都害怕地逃避老师的目光，要么举起书本挡住自己，要么眼睛四处看，就是不看老师，每个人都不想被喊起来回答问题。这时，小强的目光刚好不小心和老师的眼神对上了，老师马上就说："小强，请你回答一下这道数学题吧。"

小强害怕得鼻涕瞬间流了下来，他用书本挡住自己，瑟瑟发抖地说："老……老师，我……我感冒了……鼻涕都流个不停，你还忍心让我答题吗？"

老师看着小强，无奈地说："呃，感冒就要吃药，知道吗？算了算了，还有哪位同学能回答呢？"

老师再次扫视同学们，只见花花拿着小花开始撕花瓣："我会、我不会、我会、我不会……不行，我不会啊！"

而依依拿着抹布，一边认真地擦着她的

桌面，一边自言自语地说："无论什么象棋棋盘，我都能把它擦得干干净净！"

老师无奈地摇了摇头："谁能把正确的答案告诉我呢？"

突然，安静的教室里，传出一阵阵鼾声。众人顺着声音传来的方向看过去，原来是罗克把数学书立起来，挡住了自己的脸，趴在桌子上，呼呼大睡。

旁边的UBIQ试图叫醒罗克，一边"嘟嘟嘟"地叫着，一边摇晃罗克的身体，但罗克不但没醒来，还说起了梦话："我闪，我进攻，看你还往哪里躲。"同学们纷纷笑了起来，而数学老师的脸色越来越黑，她握紧手中厚厚的数学书，走到了罗克的桌子旁边，用力一拍桌子，大喊道："起来啦！"

"砰"的一声巨响，罗克吓得整个人弹了起来，大喊："不好，怪兽来了！"同学们"哈哈哈哈"地大笑起来，罗克这才回过神来，看见老师生气地瞪着他，罗克尴尬地说："原来怪兽是老师啊！"

老师生气地说："竟然敢在课堂上睡觉？罗克！你给我上去把那道数学题做了。做错了就罚你去洗厕所！"

罗克，看了看屏幕上的数学题，自信满满地笑了笑说："这题目看似很复杂，实际上很简单的！"说着，罗克走上了讲台，开始自信地解说："你们听好了，因为剪去的2个方格颜色相同，剩下的方格中，黑方格和白方格，不能一一对应了。而每个长为2，宽为1的长方形，必须是一黑一白，所以答案是剪不了。"

看见罗克解出了正确的答案，老师也无话可说，只好教训了两句："就算你会做，也不代表可以上课睡觉，知道吗！"

罗克赶紧摸着脑袋笑嘻嘻地认错："我知道错了！对不起，老师！"

老师叹口气说："回去坐好，给我认真听课！"

奇偶性（1）

整数可以分成奇数和偶数两大类。能被2整除的数叫作偶数，不能被2整除的数叫作奇数。偶数通常可以用$2k$（k为整数）表示，奇数则可以用$2k+1$（k为整数）表示。特别注意，因为0能被2整除，所以0是偶数。

例 题

国际象棋盘有64个方格，黑白相间，把左上角和右下角的方格各剪去一个，能不能把剩下的62个方格，剪成31个长为2，宽为1的长方形呢？

方法点拨

解法1

小朋友们不要被复杂的题目迷惑了。只要想到棋盘相邻两格必然是一黑一白，这题就迎刃而解了。因为剪去的2个方格颜色相同，剩下的方格中，黑方格和白方格，不能一一对应了，而每个长方形，必须是一黑一白，所以答案是剪不了。

解法2

看棋盘，长为2，宽为1的长方形，无论横剪还是竖剪，都是1黑1白组合，相当于奇偶组合。把左上角和右下角的方格各剪去一个，即剩下30个黑格、32个白格，不满足1黑1白奇偶组合，所以不能。

牛刀小试

全班42人，年龄和是偶数，若干年后，他们的年龄和是奇数还是偶数？

22

蛋糕比赛

罗克刚一坐下，校长就走进了课室。

校长站到讲台上，得意扬扬地说："同学们，大家好！我有一个好消息要告诉你们！"

罗克兴奋地说："哇！是不是要放假了？"

校长冷笑一声："不可能！"

依依试探地问："难道是不用期末考试？"

校长瞥了她一眼："想得美！"

花花大喊："我知道，我知道！校长你二次发育，长高了？现在你和小强比，谁高呢？"

校长不耐烦地听着学生们的讨论，终于忍不住大声地打断道："不是、不是，都不是，你们别瞎猜了！"

　　校长拍了拍手，只见Milk推着一购物车的面粉进入了课室。

　　"真美味蛋糕公司将赞助学校举办一次蛋糕比赛！"校长继续说道，"这是真美味蛋糕公司研发的面粉，大家用这些面粉做蛋糕，明天把蛋糕带来学校，参加比赛。做出最美味蛋糕的同学将有机会到真美味蛋糕公司进行一天的参观旅游！"

　　花花激动道："哇！那可以吃蛋糕吗？"

　　校长说："当然可以了，你可以任意品尝所有真美味公司出品的蛋糕。"

　　同学们纷纷发出了赞叹和期待的声音。

　　依依高兴地转起了抹布："太棒了！"

　　小强红着脸说："我可是第一次做蛋糕，不知道能不能成功呢？"

罗克故意咳嗽了一下，说："等等，你们怎么能忽略比赛最大的赢家呢？"

同学们问道："谁？"

罗克自信满满地说："当然是……我啊！"

"哼！"同学们纷纷露出了不屑的表情。

花花斜着眼问："你会做蛋糕吗？"

罗克摸摸头："呃，我……不会。"

花花翻了个白眼："那你凭什么认为自己会赢？"

罗克指着UBIQ，扬扬得意地说："因为UBIQ这么聪明，他一定会。"UBIQ的屏幕冒出了一串问号。

这时，校长打断大家的讨论："安静！安静！现在请老师给大家简单讲解一下蛋糕的制作流程，认真听好！Milk，我们走吧！"说完，Milk抱起校长，把他放在购物车里，推出了课室。

制作蛋糕

　　美味的蛋糕是怎样做成的？你想和小强、罗克他们一起学做蛋糕吗？这里有一个配方，试试看！

　　以8寸的蛋糕为例

　　（145摄氏度烤60分钟）

　　蛋黄糊　5个蛋黄

　　牛奶　60克

　　玉米油　60克

　　细砂糖　30克

　　低筋面粉　90克

　　玉米淀粉　20克

例　题

　　按做8寸蛋糕的配方，现有低筋面粉270克，需要玉米淀粉多少克？

从配方中我们知道，低筋面粉和玉米淀粉的最

简比为：

90：20=9：2

需要玉米淀粉：270÷9×2=60（克）

牛刀小试

按做8寸蛋糕的配方，材料中低筋

面粉比玉米淀粉多140克。低筋面粉有

多少克？

老师和依依的矛盾

老师开始讲解蛋糕制作流程："接下来，我就给大家讲讲如何制作好吃的蛋糕，大家可要好好做笔记哦。"

同学们积极地回应道："好！"

老师说："首先，我们要准备好材料，比如面粉、鸡蛋、白糖、牛奶、淡奶油……"

同学们都低头认真地做着笔记，只有依依一个人心不在焉。她歪着头，手里转着笔，眼睛看着窗外，出神地想：做一个什么样的蛋糕好呢？抹布蛋糕？跳舞的蛋糕？哎

呀！太难选择了！

老师看见依依开小差，便提醒道："依依，你别开小差喔！"

依依惊醒，连忙解释道："其实……其实我在想做什么样的蛋糕好。"

老师说："你不认真听、不做好笔记，怎么做出蛋糕呢？"

依依有点不满地说："大家都记一样的笔记，做一模一样的蛋糕，味道都一样，怎么分辨出谁的才是最好的呢？太没劲了！我……"

"依依，课堂上要听老师的话！"老师

大声地打断了依依的话。

"哼！要我交出千篇一律，没有任何新意和特点的东西，我做不出来！"依依大声地反驳道。

"你连最基本的蛋糕做法都没有掌握，如何谈得上创新呢？"老师开始生气了，并用命令的语气继续说道，"快给我打开笔记本，认真做好笔记！"

"我不做！"依依用手指点了点自己的脑袋说，"我这么聪明，都记在脑子里了！"

老师被依依气得脸色越来越难看，坐在旁边的罗克小声地劝道："依依……听老师的话吧……"

依依却倔强地顶回去："你们不用劝我，这次我会用实际行动告诉你们，我做的蛋糕是最好吃的！"

老师强忍怒气道："好，既然你这么坚持，就不要听我的课了。我们继续。大家记得，白糖的分量要把握好……"老师转身，继续讲蛋糕的做法。

依依"哼"了一声，生气地冲出了课室。

老师愕然，想追出去，又不好意思。她无奈地摇摇头说："依依这家伙……"

罗克说："我出去看看。"老师点点头，她也担心依依的安全。罗克和UBIQ就跟着跑出去了。

多层蛋糕的体积

我们知道了常见立方体的体积公式：

$V_{长方体}=长 \times 宽 \times 高$

$V_{正方体}=棱长 \times 棱长 \times 棱长$

$V_{圆柱}=底面积 \times 高$

利用体积公式，我们可以计算生活中一些立方体的体积。

例 题

这个蛋糕的上层8寸（半径约10cm），下层是12寸（半径约15cm）每层层高6cm，求这个双层蛋糕的体积。

双层蛋糕的体积=下层蛋糕体积+上层蛋糕体积，圆柱的体积=$\pi r^2 h$。

$3.14 \times 15 \times 15 \times 6 + 3.14 \times 10 \times 10 \times 6$

$= 1950 \times 3.14$

$= 6123$（cm^3）

牛刀小试

求上述蛋糕的下层比上层大多少立方厘米？

误打误撞发现阴谋

"依依，你在哪里？"罗克和UBIQ追到走廊，左看看，右瞧瞧，都没有看到依依的身影，却听到了一阵放肆的笑声："哈哈哈哈哈！"

罗克一惊："好像是校长的声音？"UBIQ点点头，"走，我们去看看。"说着，罗克和UBIQ放轻脚步，躲到拐角处偷听起来。

只听Milk问道："校长，那些面粉是不是真的有用啊？"

校长得意地说："那当然！这次，罗克他们就等着倒大霉吧！哈哈哈哈哈！"

虽然只是只言片语，但罗克和UBIQ已经瞬间警惕起来，察觉到校长一定有什么阴谋。

"这个校长，又准备搞什么阴谋诡计？"罗克托着下巴，认真地思考着，"他刚才提到面粉……"这时，罗克瞥见摆在角落的面粉。"这不是他们刚刚派发的面粉吗？"说着，罗克走过去，拿起其中一袋，认真地看着。"哼，我们不能让他的阴谋得逞。"

午休时间，大家都去食堂吃饭了，老师、小强、花花还在课室等着依依回来，但

是等来的却只有罗克和UBIQ。

"罗克！找到依依了吗？"小强紧张地问道。罗克无奈地摇摇头。

老师露出担忧的表情，叹了口气说道："我应该叫住她的，都怪我……"

罗克说："老师，您别自责。"

老师还是愁眉不展，说："依依会不会遇上坏人啊？"

罗克又说："您放心，这里是学校，很安全的。"

这时花花拿出一朵小花，又开始撕花瓣占卜："安全、不安全、安全、不安全、安全……安全！"最后的结果是安全，

花花立刻开心地跟老师说："放心吧，老师，依依一定会安全地回来的。"

小强也接着说道："就是啊，依依那

么强悍，就算有坏人，也会把坏人吓跑的。我们还是回家做蛋糕吧。"

说到蛋糕，罗克就突然想起了校长和Milk的对话，连忙说："对了！通知大家，千万不要用校长给的面粉做蛋糕！"

"为什么啊？"众人异口同声地问道。

"我刚刚追出去的时候，听到校长和Milk说那些面粉有问题！"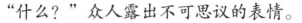

"什么？"众人露出不可思议的表情。

花花紧张地喊道："那我们该怎么办啊？我可不要吃毒蛋糕！吃了会不会变矮啊？"花花看了一下身边的小强，担忧的表情消失了，马上变得开心起来，她说："不过小强吃了，我就比他高了。"小强汗颜。

老师一脸的难以置信，说："不可能吧，校长怎么会这样做呢？"

"以防万一，我们还是这样吧……"罗克示意大家聚拢在一起，小声地把计划告诉大家，众人边听边点头。

奇偶性（2）

掌握奇数和偶数的运算性质对解决相关问题很有帮助：

（1）偶数+偶数=偶数；

（2）奇数+奇数=偶数；

（3）偶数+奇数=奇数；

（4）偶数×偶数=偶数；

（5）奇数×奇数=奇数；

（6）偶数×奇数=偶数；

（7）偶数个奇数相加得偶数；

（8）奇数个奇数相加得奇数。

例 题

花花把"安全""不安全"依次重复。最后的结果是安全。猜猜看，花花这朵小花的花瓣总数是奇数还是偶数？

一组的"安全、不安全"用去2片花瓣。无论多少组，撕掉的花瓣总数是偶数。最后只剩下1片花瓣，所以花瓣总数是奇数。

偶数+奇数=奇数

牛刀小试

花花撕花

一片一片又一片，两片三片四五片，

六片七片八九片，飘落地上缤纷现。

这首诗的正文总字数是奇数还是偶数？你能说明理由吗？

39

依依的努力

　　城堡的厨房传出有人走动的声音，原来是依依在里面忙碌，而她身前的桌子上，放置着各种失败的蛋糕。

　　依依站在烤炉前，念念有词地祈祷道："求求你，亲爱的烤炉，这是我最后一个蛋糕了，一定要成功啊！"

　　"叮"的一声，烤炉停了下来。

　　"一定要成功，一定要成功！"依依边碎碎念，边紧张地把一个造型非常漂亮的蛋糕从烤炉里面拿出来，蛋糕上面有绚丽的彩虹、可爱的娃娃，看上去非常成功。

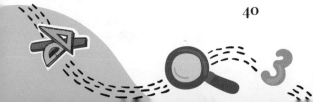

依依用力地吸了几口蛋糕散发出来的香味，开心地把它放在了桌面，谁知道刚一放下，原来发胀的蛋糕就马上冷却收缩，变得塌塌的，上面的彩虹和娃娃全部都变形了。

依依露出失望的神情，说道："唉，丑是丑了点，不过味道应该还不错吧，试一下。"说着，依依用刀切开了一小块，拿起来准备放入嘴巴。

"不要啊！"突然，罗克的声音传来。

依依愣住了，停了下来，UBIQ一下拿走了依依手中的蛋糕，罗克也拿起了放在桌面的蛋糕，两人同时把蛋糕扔进了垃圾桶里。

依依生气地大喊道："罗克！UBIQ！你们在搞什么？"依依举起手中的抹布冲向罗克。

"依依，你听我说……"还没等罗克说完，依依已经拿着抹布在罗克的脸上用力地擦了一顿，罗克的脸被擦得红彤彤的。

依依气得快哭出来了："明天就要蛋糕比赛了！我还在同学们面前夸下海口，现在

可怎么办啊？"

罗克说："依依，你别着急，我和UBIQ不是来帮你了吗？"

"还有我呢！"厨房门外，传来了老师的声音。

"老师？"依依、罗克、UBIQ一起惊讶地看过去，只见老师拿着一袋面粉走进来。

老师说："依依，你还在生老师气吗？"

依依低下头，不好意思地说："老师……我……对……"

"我应该支持你的想法，做一模一样的蛋糕，怎么可能发挥你们的真正实力呢，我不应该限制你们的创意的。"老师并没有责怪依依。

依依听了老师说的话，双眼通红，她说："老师！不是的，我也有错。我不应该自以为是……你看……"依依指着桌面那些失败的蛋糕，"现在我什么都做不出来。"

老师温柔地摸了摸依依的头，说："好孩子，以后我们要多沟通，你听老师的话，老师也会听你的建议，好不好？"

依依高兴地抬起头，笑了出来，说："好！一言为定！"

老师也笑了笑，说："来！老师跟你一起把蛋糕做出来，说不定我们还能赢得冠军呢！"

依依点头，说："嗯！一定会的！"

罗克和UBIQ被老师和依依的温馨画面感动得不得了。

罗克感叹道："她们的感情，好得就像母女一样啊！"这时，罗克的脑海里面，浮现了妈妈的面容。"UBIQ，我突然好想

妈妈啊，如果妈妈不吼我起床，不逼我吃青菜，不管我玩游戏……"说着说着，罗克眼睛也开始红红的。

突然，"啪"的一声，一块抹布盖在罗克的脸上。

依依怒道："罗克，你发什么呆啊？还不过来帮忙？"

罗克无奈地说："依依！你什么时候才能像个女孩子啊？"

依依甩动着手中的抹布，威胁说："你说什么？"

罗克害怕地摇摇头，说："没，没什么，我马上来帮忙！"

UBIQ捂着嘴巴偷笑。

圆心角

圆心角是指在圆心为O的圆中，过弧AB两端的半径构成的$\angle AOB$，称为弧AB所对的圆心角。

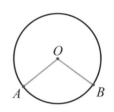

例 题

在老师的帮助下，依依他们做好了第一个蛋糕。大家兴奋得想马上尝试一下美味的蛋糕。老师说:"我们现场有6个人，怎样把蛋糕平均分成6份？"

方法点拨

利用圆心角的知识即可解决问题。

$360° \div 6 = 60°$

使每份蛋糕的圆心角为60°，就能把蛋糕平均分成6份。

牛刀小试

把一张圆形纸片对折、对折再对折，展开后，每一小块的圆心角是多少度？

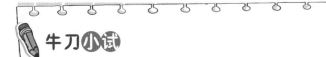

46

谁的蛋糕最好吃

第二天，罗克他们的课室非常热闹，每个人的桌面上都摆着自己亲手做的蛋糕，只是都用盒子盖住，暂时还看不到这些蛋糕的真面目。

罗克自信满满地大声说道："我的蛋糕肯定是最美味的，欢迎大家来品尝！"UBIQ的屏幕也出现一个大大的拇指，表示赞同。

依依、花花、小强等同学应声围了过去，罗克打开蛋糕盒

子，里面是一个游戏机手柄造型的蛋糕。

花花无奈地说："罗克，你也太爱游戏了吧？"

"哼，我就不信，你的蛋糕不是国王的头像。"罗克不服气地说。

花花惊讶地说："咦？你怎么知道的？"花花打开了她的蛋糕盒，里面果然是国王头像造型的蛋糕。

"因为我有读心术啊！"罗克摸摸下巴，一副高深莫测的样子。

依依一脸不屑地问道："罗克，那你猜一下，我的蛋糕是什么样的？"

罗克思索着，一边答应依依，一边对着旁边的UBIQ打眼色，让他去偷看依依的蛋糕。UBIQ立刻偷偷走到依依的蛋糕旁，用透视功能偷看蛋糕的造型。

"那你快说啊，我做的是什么样的蛋糕？"依依催促罗克道。

罗克皱起眉头，说："读心术需要专

心，你们不要吵我。"

说着，罗克边假装使用读心术，边偷看依依身后的UBIQ。只见UBIQ的屏幕上出现了老师跟依依的剪影。

罗克灵机一动，说："我知道了！依依的蛋糕是跟老师骂她有关的！"

UBIQ立刻把手搭在额头上，拼命摇头。屏幕上出现了一个向下的大拇指。

依依拿起抹布，摔在罗克的脸上，生气地说："老师才不会骂我呢！哼！"说着，依依打开了她的蛋糕盒子，只见漂亮的蛋糕上，是老师和依依手拉着手，开心地笑着的图案。依依说："你们看！"

"哇！好漂亮呀！"同学们纷纷赞叹道。

罗克挠挠头，说："一时失手而已嘛！"

这时，老师、Milk、校长一起走进课室。"咳咳！"校长走上讲堂，严肃地说道，"大家安静！现在让我们用最热烈的掌声欢迎——真美味的甄老板，参加我们学校

的蛋糕比赛！"

在热烈的掌声中，一个跟校长长得很像，但比校长高一点的中年男人不慌不忙地走进课室。

甄老板跟大家打招呼道："嗨！大家好！很高兴参加你们的蛋糕节嗬！"

罗克疑惑道："咦？甄老板，你和校长长得好像啊！"

甄老板点头，笑了笑说："是啊，是啊，很多人都这么说嗬！"

"我可比他帅多了！"校长不太满意地反驳道，"好，废话少说，开始比赛吧！"

老师说："那同学们，一起来尝尝大家亲手制作的蛋糕吧。"

同学们纷纷迫不及待地开始品尝彼此的蛋糕。罗克、小强、花花围到依依的蛋糕旁边。罗克舔舔嘴唇说："依依，你的蛋糕看起来好美味呀！"小强和UBIQ纷纷点头。

依依自信满满地说："那当然了，有老

师的帮助，我做的蛋糕肯定是完美的！"

花花酸溜溜地说："哼，有什么了不起，我的蛋糕也有爸爸的帮忙，你们试一下，一定是最好吃的！"

"我的才是最好吃的！"依依反驳道。

"不！我的最好吃！"花花不忿！

"都说我的最好吃！"

"才不是，我的才是最好吃的！"

依依、花花两人你一言我一语的，谁都不肯认输。旁边的罗克、小强、UBIQ面面相觑，无奈地耸耸肩。

罗克站出来说："好啦！好啦！你们别吵了，都给我一块最大块的蛋糕，让我尝尝就知道谁的最好吃了！"说着，罗克伸手想去拿依依的蛋糕，谁知道依依一下把蛋糕移开，不给罗克拿。"依依？"罗克疑惑道。

依依说："不如我们玩个游戏吧，谁答对老师的题目，谁就可以吃到最大块的蛋糕。"

罗克自信满满地说："好！没问题！"

依依对老师说："老师，给罗克出道有意思的数学难题吧！"

站在他们旁边的老师笑着说："那好吧！罗克，你准备接招咯。题目是，假设罗克吃了蛋糕的 $\frac{1}{4}$，花花吃了剩下的 $\frac{1}{3}$，小强吃了花花剩下的 $\frac{1}{2}$，最后还剩下160克蛋糕。那请问，这块蛋糕一共重多少克呢？"

罗克自信满满地回答道："听好了，假设蛋糕 x 克，我吃了 $\frac{1}{4}$ 后，剩下 $\frac{3}{4}x$ 克，花花吃了剩下的 $\frac{1}{3}$ 后，还剩下 $\left(\frac{3}{4}\times\frac{2}{3}\right)x$ 克，小强吃了花花剩下的 $\frac{1}{2}$ 后，应该还剩 $\left(\frac{3}{4}\times\frac{2}{3}\times\frac{1}{2}\right)x$ 克，已知最后剩下160克，可得方程 $\left(\frac{3}{4}\times\frac{2}{3}\times\frac{1}{2}\right)x=160$，解方程得 $x=640$。"

老师肯定道："回答正确！罗克，给你一块大蛋糕吧！"

分数解决问题

涉及分数的问题主要有以下三类：

1. 求一个数是另一个数的几分之几；

2. 求一个数的几分之几是多少；

3. 已知一个数的几分之几是多少，求这个数。

实际应用中，常常会出现变式，让问题的解决变得困难。

例 题

假设罗克吃了蛋糕的 $\frac{1}{4}$，花花吃了剩下的 $\frac{1}{3}$，小强吃了花花剩下的 $\frac{1}{2}$，最后还剩下160克蛋糕。那请问，这块蛋糕一共重多少克呢？

方法点拨

假设蛋糕 x 克，罗克吃了 $\frac{1}{4}$ 后，剩下 $\frac{3}{4}x$ 克，花花

吃了剩下的 $\dfrac{1}{3}$ 后，还剩下 $\left(\dfrac{3}{4} \times \dfrac{2}{3}\right)x$ 克，小强吃了花

花剩下的 $\dfrac{1}{2}$ 后，应该还剩 $\left(\dfrac{3}{4} \times \dfrac{2}{3} \times \dfrac{1}{2}\right)x$ 克，已知最后

剩下160克，可得方程 $\left(\dfrac{3}{4} \times \dfrac{2}{3} \times \dfrac{1}{2}\right)x=160$，解方程得

$x=640$。

牛刀小试

一块蛋糕640克，罗克先吃了蛋糕的 $\dfrac{1}{4}$，花花吃了剩下的 $\dfrac{1}{3}$，他们两人谁吃得多？各吃了多少克？

谁能吃到花花的蛋糕

"那我就不客气了！"罗克开心地接过蛋糕，两三口就把依依的蛋糕吃得干干净净。罗克舔舔嘴唇说："嗯！很好吃！接下来，我要吃花花的大蛋糕了！"罗克伸手想去拿花花的蛋糕，谁知道花花也把最大的那一块移开。

花花说："哼，想吃我的大蛋糕，你也要回答我一个数学题才行。答对了才能吃！"

罗克无奈地耸了耸肩，说："行！没问题！你问吧！"

花花说："那你听好了！我的题目是这样的：小强有十个容器，其容量分别为1、2、4、5、6、12、15、22、24、38升。他在每个容器里只装了一种液体。一个容器里装满了牛奶，六个容器里装满了水，另有两个则装满了油，但是还有一个容器是空的。他所装的水，体积是所装牛奶的2倍，而他所装的油体积是所装水的2倍。所以，他在每一个容器中各装了什么液体？"

　　听完题目后，罗克认真地想了想，然后自信地回答道："听好了，牛奶、水、油这三者的体积之比为1：2：4。三数之和为7，因而这些液体的总体积必须是7的整数倍。这十个容器的容量之和为129，129是7的倍数加上3，所以那个空容器的容量应该是7的倍数加3，从而可以推出，它应该是24升或者38升。如果那个38升的容器是空的，那么液体的总量将是91升，其中牛奶是13升，然而，这是办不到的。

56

因而推出，那个24升的容器应该是空的，并由此得出下面的唯一解：

• 牛奶：装在15升的容器里；

• 水：装在1、2、4、5、6，以及12升的容器里；

• 油：装在22升与38升的容器里。"

老师很满意地拍了拍手："回答正确！"

罗克笑嘻嘻地问花花："怎么样，花花公主，我可以吃你的蛋糕了吗？"

花花拿起一块最大的蛋糕，递给了罗克，说："给你最大的一块！"

"那我就不客气了！"罗克接过花花的蛋糕，开心地吃了起来。

这时，老师也递了一块蛋糕给UBIQ，说："这是给UBIQ的。"

UBIQ很高兴地接过蛋糕，屏幕上显示出撒花、喇叭的画面，但就是不吃蛋糕。

依依笑了起来，说："老师，你忘记

UBIQ是机器人了吗？他怎么吃蛋糕呢？"

老师醒悟道："哎呀，一时忘了，对不起啦，UBIQ！"

UBIQ摇摇头，示意没关系。这时罗克一手抢过了UBIQ手中的蛋糕，说道："我帮UBIQ吃吧！"说着，罗克就大口地吃了起来，还边吃边说："UBIQ，你不用谢我啦，我一向乐于助人，嘿嘿！"

UBIQ的屏幕出现罗克暴饮暴食后捂住肚子，痛得在地上打滚的画面。众人看后，全都哈哈大笑。

罗克继续淡定地吃着蛋糕，一副无所谓的样子，"痛就痛，先吃了再说！嘻嘻！"

荒岛课堂

假设法

假设法：当某一可变因素的存在形式限定在有限种可能时，假设这一因素处于某种情况，并以此为条件进行推理。

例　题

有十个容量分别为1、2、4、5、6、12、15、22、24、38升的容器，每个容器里只装了一种液体。一个容器里装满了牛奶，几个容器里装满了水，另有几个则装满了油，但还有一个容器是空的。所装的水体积是所装牛奶的2倍，而所装的油体积是所装水的2倍。每个容器中各装了什么液体？

方法点拨

10个容器的总容积：1+2+4+5+6+12+15+22+24+38=129（升）

59

$$10\text{个容器}\begin{cases}\text{牛奶：}1\text{个}\\\text{水：？个（}>1\text{）}\\\text{油：？个（}>1\text{）}\\\text{空容器：}1\text{个}\end{cases}\left.\begin{array}{l}V_{\text{油}}:V_{\text{水}}:V_{\text{牛奶}}=4:2:1\\(V_{\text{油}}+V_{\text{水}}+V_{\text{牛奶}})\text{是}4+2+1=7\text{的}\end{array}\right.$$

$129\div7=18\cdots\cdots3$

容积为1的容器和容积为2的容器总容积为3，可能是空的，但与"只有1个空容器"矛盾。

空的那个容器容积是7的倍数加3，符合条件的只有容积为24升和38升这两个容器，那么到底是哪一个呢？

假设1：假如24升的容器是空容器，那么

$(V_{\text{油}}+V_{\text{水}}+V_{\text{牛奶}}):129-24=105\text{（升）}$

$V_{\text{牛奶}}:105\div7=15\text{（升）}$

$V_{\text{水}}:15\times2=30\text{（升）}$

$V_{\text{油}}:30\times2=60\text{（升）}$

装油的容器：$22+38=60\text{（升）}$ 或 $4+6+12+38=60\text{（升）}$

装水的容器：1＋2＋4＋5＋6＋12＝30（升）或1＋2＋5＋22＝30（升）

假设2：假如38升是空容器，那么

（$V_油$＋$V_水$＋$V_{牛奶}$）：129－38＝91（升）

$V_{牛奶}$：91÷7＝13（升）

没有容积恰好是13升的容器，所以这种假设不成立。

因而推出，只能是24升的容器是空的。

牛刀小试

上题还可以用什么方法解？

校长要中招了

　　这时，校长跟甄老板得意地站在课室的边上，看着大家大口大口、津津有味地吃着蛋糕，心里非常开心。眼看计划马上就要成功了，校长甚至忍不住笑了出来。

　　时间一分一秒地过去了，同学们的蛋糕被吃得所剩无几了，但大家看上去，依然是那么正常。校长这时候有点着急了，就大声地问："同学们！你们……有没有觉得哪里不舒服呢？"

　　同学们互相看了看，一

脸疑惑，然后集体摇了摇头，回答说："没有啊！"

校长马上拉着甄老板，窃窃私语道："怎么会这样？"

"呃……再等一会儿，再等一会儿。"甄老板安慰道。

"是不是你的面粉失效了？"校长还是不太放心。

甄老板肯定地说："怎么可能呢？这可是我最新研制的泻药，只要一点点，马上就会起效。"

校长着急地问："那为什么他们现在都还好好的？"

甄老板皱了皱眉，他也想不通这是为什么。"是不是哪个环节出问题了？"

"幸亏我早有准备，检验一下就知道了！"说着，校长打了一个响指，"Milk！"

只见，Milk推着一个大蛋糕进入课室，

放在了校长和甄老板的面前。Milk兴奋地说道："这是我用你们给的面粉，亲手做的蛋糕！校长，你们终于要吃了吗？我已经迫不及待地想把它吃掉了！"Milk边说，边激动地舔舔嘴唇。

校长对甄老板说："你先尝尝！"

甄老板别开脸，拒绝道："我才不要冒险！要不你来吃！"

Milk在旁边流着口水，说："既然你们都不吃，那我来吃吧！"然后他便拿起蛋糕，开心地吃了起来。

校长说："Milk，你就没觉得哪里不舒服吗？"

Milk摇摇头，继续大口大口地吃着。

校长疑惑道："难道真的没效？"

甄老板不解道："怎么可能呢？"

俩人对视了一眼，然后同时挖了一手指的蛋糕塞进嘴巴里品尝起来。

校长边尝边说："还挺好吃的……"

突然，校长和甄老板脸色大变，一时通红、一时青白、一时发蓝的。

　　校长捂住肚子，痛苦地说："哎呀！好……好疼啊！肚子好疼啊！"

　　甄老板也捂住了肚子，而且整个人跪在了地上，一脸痛苦地说："哎哟！都说……我的……我的泻药很有效……"

　　校长抓狂道："现在说这些有什么用？快拿解药出来吧！"

　　甄老板立刻摸摸口袋，一脸凝重地说："嗬！我忘记带了！"

　　校长吓得下巴都要掉在地上。"什么？这么重要的东西，你竟然忘记带了？"

甄老板脸色越来越难看。"谁……谁知道自己会中招啊！嗬！"

这时，罗克和UBIQ走向校长和甄老板，得意扬扬地问道："校长、甄老板，你们怎么了？脸色怎么这么难看呀？"UBIQ的屏幕上也出现了大大的问号。

校长用尽全力保持自己的仪态，忍着疼痛，嘴硬地说道："我……我……我没事！"

罗克的表情变得更加得意起来，还带点挑衅的语气继续说道："是不是吃坏肚子啦？嘿嘿，快去洗手间吧，小心要排队哦！"

校长脸色大变，抓狂道："你……你……原来你早就知道了，那些面粉……"

"对，我们早就把面粉换掉了！"说完，罗克哈哈大笑起来。

校长气得满脸通红，说不出话来。甄老板捂着肚子，跑到了课室门口，说：

"我……受不了，先走了！唉？门打不开？"

"什么情况？"校长也捂住肚子来到门口，只见课室门被一把奇怪的锁锁住了，锁上面有1、2、3、4、5、6、7、8、9、0，十个阿拉伯数字。

罗克马上上前解释道："这不是校长之前装的防止学生逃课的门锁吗？一旦被锁上，就必须要正确回答一道数学题才能重新打开的！校长你忘记了吗？"

校长抓狂："可恶！什么数学题，你快说！"

罗克嘻嘻一笑，慢悠悠地说道："那校长你听好了，题目是这样的：在某个小镇上，每100个男人中有85人已婚，70人有电话，75人有汽车，80人有自己的住房。我们以100个男人为基数，试问：每100个男人中同时拥有电话、汽车与住房的已婚男人至少有多少人呢？"

校长脑筋转得飞快，立刻答道："哼，

这样的题就想难倒我？听好了，以100个男人为基数，那么每100个男人中：

- 15人未婚；
- 30人没有电话；
- 25人没有汽车；
- 20人没有自己的住房。

有可能这90个男人各不相同，这就意味着，有老婆、电话、汽车与房子的男人仅10人。"

"好，答案正确，开门吧！"罗克也不多刁难校长，课室的门锁应声自动打开了。

校长好不容易打开了课室的门锁，便和甄老板一起捂住肚子，一溜烟地离开了课室。临走之前，校长还忍痛留下了一句狠话："罗克，你给我等着！"

大家看着校长和甄老板落荒而逃，纷纷爆笑。

笑完过后，大家的目光被满嘴奶油的Milk吸引住了。

罗克疑惑地问道："Milk，你怎么不会拉肚子？"

Milk淡定地拍了拍自己的肚皮，得意地回答道："我的肠胃好着呢，除非吃撑了，不然是不会拉肚子的。"接着，Milk又咬了一口那个用有毒面粉做的蛋糕，津津有味地嚼起来，边嚼边说："好吃！美味！"

罗克笑道："外星人果然和人类不一样啊，哈哈！"

容斥问题

在计数时，必须注意无一重复，无一遗漏。为了使重叠部分不被重复计算，先不考虑重叠的情况，把包含于内容中的所有对象的数目先计算出来，然后再把计数时重复计算的数目排斥出去，使得计算的结果既无遗漏又无重复，这种计数的方法称为容斥原理。

例 题

在某个小镇上，每100个男人中有85人已婚，70人有电话，75人有汽车，80人有自己的住房。我们以100个男人为基数，试问：每100个男人中同时拥有电话、汽车与住房的已婚男人至少有多少人呢？

方法点拨

抓住关键词"至少"，尽可能不要让4个条件同

70

时满足。

以100个男人为基数，那么每100个男人中：

- 15人未婚；
- 30人没有电话；
- 25人没有汽车；
- 20人没有自己的住房。

有可能这90个男人各不相同，这就意味着，有老婆、电话、汽车与房子的男人仅10人。

牛刀小试

每100个男人中同时拥有电话、汽车与住房的已婚男人最多有多少人呢？

数学擂台

小气的校长

　　这天，校长正在办公室认真地工作。Milk走到校长的身边，好奇地看了看校长的桌面，只见上面全部都是数学测验卷，Milk感叹道："哇！校长，这些数学题都是你做的吗？"

　　校长抬起头，一脸得意地说："那当然了，难不成是你做的吗？"

　　Milk愤愤不平地说："哼，说得好像我不会做一样！"

　　校长哈哈一笑，说："你会做数学题？好，那我考一下你，这题怎么做呢？"校长

随手拿起一张测验卷，指着上面的一道题。

题目是这样的：有22位朋友，每星期都要围坐在一张圆桌旁聚餐一次。每次聚餐举行时，每位就餐者都要坐在两位过去未曾与之相邻的朋友之间。譬如说，如果本星期的聚餐是花花坐在小强与依依之间，那么下星期及以后，她就不能再与小强或者依依邻坐。按照这个规则，经过多少星期，每位就餐者正好与其他各位邻坐过一次？

Milk看着题目发问："为什么不可以继续坐一起啊，我就想每次都坐在校长身边。"Milk盯着题目，思考着，眼睛开始打转，而且越转越快，最后晕倒在地上说："对不起，校长，我真的不会。"

校长一脸不屑道："这么简单都不会。让我来给你解答吧，听好了。本题实际上是一个圈套。每位就餐者每个星期都要有两个过去未曾邻坐过的朋友坐在他左右两旁，可是他有21位朋友，因此他没有办法用整数个星期来与所有朋友都邻坐一次。"

Milk仰慕地看着校长，边鼓掌边说："哇！校长真的很厉害啊，果然是数学天才！"

这时，校长的手机突然响起："无敌、无敌、无敌……"

"谁这么讨厌，这个时候打电话来打扰我研究。"校长不耐烦地拿起电话接听："喂！你最好有要紧的事……"当电话那边传来了对方的声音后，校长语气马上变得谄媚起来："原来是校董啊，您的小事也是我最要紧的事……什么？您要派罗克出赛？我……我不是不同意，是是是，放心，校董，我一定听您的。好……再见！"

校长生气地挂上电话，说："气死我了！"

Milk疑问道："校长，发生什么事了？"

校长愤愤不平地说："校董说要派罗克代表幸福小学参加一年一度的校际数学擂台。"

"数学擂台？难道做数学题也要比赛打

架吗？"Milk挥了一下左勾拳。

校长没理他："我真想不通，为什么每次数学比赛都是罗克参加？真讨厌！"他站起来，在办公室内来回踱步，久久不能平静！

Milk大大咧咧地说："因为幸福小学里没有谁的数学比罗克厉害啊。"

听到这句话，校长更暴躁了："你眼睛瞎了吗？我、我、我！你看不见吗？"

"可这是学生比赛啊，你超龄很久了！"Milk怕又被校长消音，说完后连忙捂着嘴巴。

校长想了想自己的年龄，却还是不甘

心："哼，我才不要让罗克出风头。"

"哦，我明白了，原来校长嫉妒罗克！"Milk恍然大悟。

"什么？我才不要嫉妒一个小屁孩，哼！"说着，校长坐回到电脑前，敲打着键盘。

"校长，你在做什么？"Milk问道。

"我在看数学擂台的新闻。"突然，校长好像有了新发现，双眼一亮，说，"咦，今年的淘汰方式很特别哦。嘿嘿。"

"校长，你是不是又有什么坏点子了？"Milk被校长奸诈的表情吓得打了个冷战。

"嘿嘿，你猜——"校长一边回答，一边敲击键盘，打开了计算机的视讯通信界面，只见屏幕上显示出罗克课室的图像。

另一边，正在上课的老师刚好点名让罗克在黑板做题："罗克，你来算一下这道题。"

"没问题。"罗克走上讲台，拿起笔在黑板上写出数字算式。突然，黑板弹出视频，出现校长的大脸，各种数学符号贴在校长的脸上，把他变成了一个大花脸。

罗克被突然出现的校长吓了一跳。

同学们看到校长的大花脸，纷纷忍不住地哈哈大笑起来。

"我脸上有东西吗？"校长伸手在脸上擦了擦，说，"不准笑！再笑，每人罚做50道数学题！"

听到罚做数学题，大家立刻害怕地捂住嘴巴。

这时，老师问道："校长，现在是上课

时间，你有什么事啊？"

校长想起了正事，说："我是来找罗克的！"

"我？"罗克疑惑。

"对，你马上来我的办公室，我有急事找你！"

"可是我正在上课啊！"罗克感觉这不会是什么好事，正想推脱掉。

"罗克，这可是难能可贵的机会，错过了可别怪我没提醒你。"校长一脸正经地说。

这时，一旁的花花兴奋地跳上讲台，抢着说："校长，校长，学校是不是要举行舞会啊，罗克不去，我去！"

校长斜着眼说："花花，不是什么舞会，而是数学擂台，你要参加吗？"

"呃……算了，我最近好忙，没时间。"花花马上知难而退。

"罗克，5分钟内不出现，你就再也见

不到你的游戏机了，哼！"只见屏幕上，校长把罗克的游戏机悬在Milk垂涎欲滴的大嘴上方，威胁道。

看到自己的游戏机在校长手上，罗克马上紧张起来。"啊！我的游戏机怎么被校长偷走了？"

这时，黑板屏幕已经黑掉。罗克拍了拍额头，一脸无奈地说："我真倒霉呀！"

逆推法

逆推法又叫分析法，是从分析每一个结论的必要条件开始，步步倒推，直至说明题目给出的条件恰好符合或不能符合要求为止。它的主要特征是从结论倒推条件的合理性。

例 题

有22位朋友，每星期都要围坐在一张圆桌旁聚餐一次。每次聚餐重新举行时，每位就餐者都要坐在两位过去未曾与之邻坐过的朋友之间。譬如说，如果本星期的聚餐是，花花坐在小强与依依之间，那么下星期及以后，她就不能再与小强或者依依邻坐。按照这个规则，经过多少星期，每位就餐者都正好与其他各位邻坐过一次？

你是否想根据题目画图一一罗列出来？这种顺向思考看似舒服，但画着画着你就会放弃了！

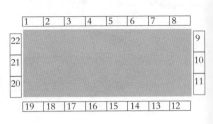

解法1：

本题实际上有一个圈套。每位就餐者每个星期都要有两个过去未曾邻坐过的朋友坐在他左右，可是他有21位朋友，因此他没有办法用整数个星期与所有朋友邻坐一次。

解法2：

以就餐者甲为例，就餐一次，左右共 2 人与甲邻坐。假设 N 星期后其他就餐者都正好与甲邻坐过一次，则就餐者总数为 $(2N+1)$ 人，为奇数。这与总人数22人矛盾。因此他没有办法用整数个星期与所有朋友邻坐一次。

牛刀小试

一个数加上7后，再乘5，然后减去9，最后得51。求这个数。

82

被威胁的罗克

校长坐在办公桌前，对着计算机屏幕，深深叹了口气说："我迟早被这帮家伙气死！"

Milk紧张地说："校长，你千万不要气死啊，你还答应过送我回数学星球的啊，你可不能言而无信啊！"

"你……你……"校长被Milk气得说不出话来。这时，门外传来了敲门声。

校长马上挺直腰背，摆出一副严肃模样，说："请进！"

门打开，罗克和UBIQ走进了办公室，

罗克开门见山地说："校长，快把游戏机还给我吧。"

校长笑了笑，说："可以啊，不过你要代表学校参加一年一度的校际数学擂台。"

"啊？又是数学比赛，我不参加！"罗克坚定地拒绝道。

"呵呵，那你快和你的游戏机说'拜拜'吧！"校长拉开抽屉，拿出罗克的游戏机在罗克面前晃了晃，威胁着罗克。

罗克生气地说："校长，学校可不能强迫学生参赛的。"

"哼，我不吃你这套！Milk，过来！"校长不为所动。

Milk一扭一扭地走到校长的身边。

校长转过身来，把罗克的游戏机递到了Milk的面前，摆了摆手，说："Milk，你想不想尝尝游戏机的味道啊？"

Milk看着游戏机，流着口水，不停地点头说："想！想！想！"

校长把游戏机送到了Milk嘴巴前，得意地说："等我数到3，罗克不答应，你就吃了这个游戏机。"

Milk舔了舔嘴唇，一副兴奋期待的样子。"好啊好啊，不知道游戏机是什么味道？"

罗克看着他们，不由得冒了一身冷汗，心想：校长不会这么狠吧？万一……

这时，校长拖长声音开始数："1……2……"

Milk也张大嘴巴，准备吞下游戏机。

看着游戏机快要被Milk吞掉，罗克再也忍不住了，大喊："等等，我去就是了！"

听到罗克答应了，校长立刻停止了数数，一脸得意地说："对嘛，这就对了嘛，这才是我的好学生。今晚记得好好准备比赛啊，明天我派车接你。"

罗克翻了翻白眼，不屑地说道："不用了，我有UBIQ牌滑板，比你四个轮的车跑

得快得多。"

校长指着罗克的鼻子，一步一问地逼近说："你知道在哪里比赛吗？万一睡过头，坏了学校的大事，你承担得起吗？听我的，明天8点，Milk会来你家接你。你回去上课吧！"

"好吧好吧，我走。校长你别这么暴躁，小心血压高。"说完罗克对校长做了个鬼脸，带着UBIQ离开了。

"臭小孩，总是那么嚣张，气死我了，我身体不知道多棒！"说着，校长随手拿起放在一旁的一个哑铃，轻松地一下一下举了起来。"我还能举100下哑铃呢！1、2、3、4……"

校长数到3的时候，Milk突然咬住校长另一只手里拿着的游戏机，一口吞了下去。

"Milk，你干吗吃掉游戏机，我准你吃了吗？"校长惊讶地赶紧扔掉手中的哑铃，冲过去抓住Milk，拼命摇晃他的身体。

Milk含着游戏机振振有词地说："你不

是说数到3就可以吃吗？"

"你给我吐出来，一个个都来气我！"校长气到崩溃。

"校长，你不是不想让罗克出风头吗？为什么现在又让他去参赛？"Milk疑惑地问道。

校长没好气地说道："哼，说了你也不懂，懂了你也帮不了我！"

Milk吐槽道："那是你话说不清楚，我才听不懂。"

"什么？我说不清楚？你……"看来校长已经被烦死了，他拿起遥控器，对着Milk按下了声道切换键。Milk说出来的话立刻变成一堆"叽叽咕咕拉拉不拉不"的外星语。

校长满意地笑了笑地说："有时候，听听外星语更舒服。罗克，我看你还能嚣张多久，好戏还在后头，嘿嘿嘿。"说着，校长按了一下暗藏在书桌下面的一个红色机关按键，只见，他背后的书柜突然缓缓朝两边分开，露出了一个密室的入口，然后书桌下伸出一只大大的可爱猫爪，将校长推入了密室。Milk见状，刚想追上去，但书柜却很快合上了，Milk被狠狠地撞了一下，痛得晕倒。

倒计时

生活中，很多时候用到"倒计时"：

高考倒计时；

春节晚会倒计时；

地铁竣工倒计时；

发射火箭倒计时；

…………

"10、9、8、7、6、5、4、3、2、1，发射！"

目光聚焦到大屏幕，大家心情澎湃，有时甚至会激动得泪流满面。可是倒计时这种方式并不是科学家们首创的，而是跟电影导演学来的。

1926年3月26日，世界上第一枚液体燃料火箭在美国的马萨诸塞州发射成功，激起人们对航天技术的兴趣。30多年后，苏联成功地发射了世界上第一艘载人宇宙飞船"东方—1号"，更鼓舞了人们对航天的幻想和热情。有关航天的科学幻想小说和讲述太空旅行的科幻电影纷纷受到人们的青睐。1927年，德国乌发电影公司拍摄了科幻版《月球少女》。影片的导演弗里兹·朗格创造性地在火箭发射的镜头中设计了"……6、5、4、3、2、1，发射！"的倒计时程序。这一方式引起了火箭专家们的兴趣，他们认为这种方式十分科学。它简单明了，突出地表示了火箭的准备发射时间逐渐减少，营造出发射就要开始的紧迫感。

从那以后，倒数计时的方法逐渐被人们采用了。倒计时可以使人们的注意力更加集中，更加注重工作进度，提高工作效率。

校长的侄女"肚子疼"

阳光明媚的第二天，Milk开着校车，来到了罗克的家门口。

Milk笑容灿烂地和罗克打招呼："早上好，罗克！"

"早上好！"罗克左看右看，居然没有看到校长的身影，疑问道，"Milk，怎么没看见校长？"

Milk却显得有些紧张，吞吞吐吐回答道："呃……他说他肚子疼，所以今天就不来了。"

罗克惊讶地说："肚子疼？还真会挑日子。"

Milk连忙扯开话题说："我们马上要出发

了，请找位置坐好。"罗克也没有细想，往车后走，却发现有一个奇怪的女生，坐在了他平时坐的位置旁边。这个女生穿着裙子，头发及肩，绑着一个蝴蝶结，戴着眼镜，拿着一张报纸挡住脸。罗克好奇地歪着头去看女生，女生用报纸挡住罗克的目光。罗克歪到另外一边，女生的报纸又移到另外一边。

罗克附在UBIQ耳边小声地说："UBIQ，你认识这个女生吗？"UBIQ摇摇头。罗克索性走上一步，直接坐在女生旁边说："你好，请问你是……"

女生缓了一下，放下了报纸，露出她跟

校长神似的外貌，然后用和校长一样的声音回答道："你好！"

"这声音好像校长！"罗克很惊讶。

女生连忙清了清嗓子说："我是校长……的侄女。"

"哦，吓死我了，难怪你和校长长得这么像。"罗克顿时松了一口气。

"你叫什么名字？"

女生想了想说："我叫杜子藤。"

"啊？什么？肚子疼？"罗克一脸惊讶地说，"校长今天肚子疼，怎么你也肚子疼，哈哈哈！"

杜子藤很不满意地捂住肚子，生气地说："我不是肚子疼！我叫杜子藤。"

罗克被吓到了，说："你越看越像校长，连脾气都一模一样。"

杜子藤醒悟，马上收起自己粗犷的声音，假装温柔，慢声细语地说道："我是个温柔的女生。"

罗克无语，只好转移话题："你也是去参加数学擂台的吗？"

杜子藤点点头说："是的。"

"你数学成绩怎么样？"罗克好奇地问道。

"一般般吧，不过，从来没掉下过第一名。"杜子藤自信、淡定地回答说。

罗克露出一副难以置信的表情："哇，好厉害，要不我们先切磋切磋？"

想不到杜子藤一口就答应了："好啊，我先来出道题，你听好了。Milk计划20天读完《十万个为什么》，原计划每天读15页，实际每天读了20页，他实际比计划提前几天读完？"

罗克自信满满地说："这道题怎么难得住我呢？答案是Milk实际比计划提前5天读完。"

杜子藤问："你是怎么算出来的？"

罗克条理分明地解答道："听好了，根据题意，Milk计划每天读《十万个为什么》15页，20天读完，也就是说这本书的总页数是

$15×20=300$（页），实际上，Milk每天读20页，那么花费的天数为总页数除以每天读的页数，即$300÷20=15$（天），$20-15=5$（天），Milk实际比计划提前5天读完。"

"答对了，没想到你还有两把刷子。"

"哈哈哈！过奖。"

这时，校车停了下来。Milk转身，对着罗克和杜子藤两人喊道："目的地到了，大家下车吧。"

罗克站起来，挥手跟杜子藤告别："杜子藤，祝你好运，比赛时不会肚子疼，嘻嘻。"

"谢谢！"本来笑着的杜子藤，在罗克转身离开的那一刻，露出了一个邪恶的表情。

荒岛课堂

计划与实际的问题解决

小学阶段所学的"计划与实际"的问题主要分为两大类：

第一大类：知道总量的；

第二大类：不知道总量的。

数量关系式

1．实际工作总量=计划工作总量；

2．实际工作总量=实际工作时间×实际每天做的；

3．计划工作总量=计划工作时间×计划每天做的；

4．提前天数=计划工作时间—实际工作时间；

5．实际每天比计划多做的=实际每天做的—计划每天做的。

例 题

Milk计划20天读完《十万个为什么》，原计划每天读15页，实际每天读了20页，他实际比计划提前几天读完？

方法点拨

该书共有20×15=300（页）

每天读20页需300÷20=15（天）

比原计划提早20-15=5（天）

所以，他实际比计划提前5天读完。

牛刀小试

光明食堂原来每天烧煤72千克，改进炉灶后每天少烧12千克。原来能烧10天的煤，现在能烧多少天？

奇奇怪怪的对手

罗克来到了比赛现场，只见已经有四位选手站在擂台上了，他们分别是罗克刚刚在车上遇到的"杜子藤"；一个看上去很紧张，不停擦汗的戴帽小男生；一个拿着吉他的可爱小女生；最后是一个拿着一支和他身体差不多大的笔不停在转的男生。

罗克走上台，站到自己的位置上。只见在台中央，还预留了一个位置，不知道是谁的。这时，开场的音乐响起，观众席传来掌声，主持人闪亮登场。罗克一看，马上惊讶地发现："这个主持人居然是我们学校的数

学老师？"

　　老师专业地主持着，说："大家好，我是主持人米苏，欢迎大家来到《数学擂台》的现场，首先让我们用热烈的掌声欢迎今天到场的5位守擂达人。"

　　观众席上再次响起热烈的掌声。罗克一眼看见了坐在观众席上的花花、国王、依依、小强等人。罗克心里想："想不到大家都来了啊！那我一定要好好表现了。"

　　摄像机的镜头开始逐一特写参赛选手。第一位是摸着头发，朝着镜头放电的杜子藤：

"大家好，我是来自恐龙学校的杜子藤。"

"哈哈哈！"观众席传来了一阵笑声。

花花说："爸爸，她说她肚子疼，怎么还不去医院啊？"

国王笑着说："因为要比赛啊！哈哈哈哈！"

杜子藤看到大家的反应，连忙解释道："虽然我叫杜子藤，但是我不会肚子疼，因为我的肠胃好得很，不仅肠胃好，我数学也好，今天我一定会拿冠军。"说完后，她还尴尬地比了一个剪刀手。

镜头移到杜子藤旁边的罗克身上，罗克轻松自信地介绍自己说："大家好，我是来自幸福小学的罗克。数学是我的强项，人

人都夸我数学好。没办法，谁叫我数学真的好呢？"

这时镜头切到观众席上，只见加和减举着"罗克好样的，罗克一定赢"的横幅，为罗克捧场。UBIQ也双手比出两个大拇指，为罗克加油。而国王、依依、花花、小强更是跳起了啦啦队加油的舞蹈，分别用身体摆出R、O、C、K四个字母的造型，大喊："R-O-C-K，罗克，加油！加油！"

擂台上的罗克不禁感到异常尴尬，他用手扶着额头，嘴角抽搐，生硬地笑着说："好丢人啊。"

这时，镜头移到第三位参赛者身上，只见这个选手表情非常紧张，不停擦汗，眼神飘忽地左看看，右看看，发现镜头对着自己的时候，显得更加慌张。他说："怎么这么快就到我了？呃……

说什么好呢？"

主持人引导他说："介绍一下你自己吧！"

"哦哦哦！我叫步青松，来自太阳小学，能登上数学擂台，真的不轻松啊，我……"

可能因为步青松的介绍太无聊了，还没有等他说完，镜头已经直接移到他旁边的那个可爱女生选手那边去了。

女生对着镜头摆出各种可爱的动作，卖萌地说："大家好，我是来自玩不够小学的郝可爱！"郝可爱举起手中的吉他，说："这是爷爷送我的吉他，爷爷，你看见我了吗？我终于参加数学擂台了，爷爷，我成功了，你开心吗？"

接下来，镜头移向了郝可爱隔壁的那个一直在转着大笔的男生。

男生一边用身体转着大笔耍酷，一边介绍自己："大家好，我是来自吹牛小学的甄南银，人称真男人，我不仅数学好，而且很会转笔哦……艺多不压身，你们可不要嫉妒羡慕恨哦……"

这时，主持人窜到镜头前，强行打断了甄南银的话："好！选手介绍就到这里吧！请问各位有信心吗？"

选手们异口同声地回答："有！"

"好，现在有请我们的挑战者登场！"

现场响起了激昂的音乐声，大门打开，数盏聚光灯射在大门前，只见一位挑战者走进了大门。他拿着一本书，紧紧地挡在脸上，观众看不到他的相貌。他一步一步慢慢走上舞台，大家都等着他展示真面目。谁知那本书挡住了他的视线，当他踏上舞台的时候，一个不小心摔了一个大马趴。他迅速地

站了起来，装作若无其事继续走上前。结果到头来那本书全程挡在他面前，再没放下来过。

挑战者来到了中间那个留给挑战者的位置上，主持人说："哇，挑战者的上场方式很特殊啊，那首先请介绍一下你自己吧。"

"嗯，我叫易定书。"挑战者说道。

"哈哈哈，一定输！"观众席上，传来了花花和国王等人的笑声。

易定书抓狂地喊道："不是一定输，是易定书！"

主持人好奇地左看看，右看看，想知

道易定书的真面目，但是易定书就是不让她看，一直用书本阻挡着主持人的视线。主持人说："易同学，能不能把书拿开？"

易定书断然拒绝："不能！"

主持人无奈地说："易同学说话很精简啊。那么请你选择今天第一个要挑战的对手吧！"易定书把书往下移，露出一双小眼睛，环顾现场的比赛者，最后目光落在了罗克身上。"就他！"易定书指着罗克说。

"我？"罗克先是一惊，但很快他就充满自信地说道，"那好，我接受你的挑战！"

舞台的聚光灯打在易定书和罗克两人的身上，紧张激烈的背景音乐响起。在场的所有人都露出了紧张的表情，期待着一场精彩的数学擂台比赛。

循环赛和淘汰赛

循环赛：每人都同其他所有的对手交手。比赛场次多、耗时长。

淘汰赛：提前抽签，一场失败就没有继续比赛的资格。场次少，抽签运气影响比赛排名，偶然性比较大。

这场《数学擂台》采用的是淘汰赛。我们看看基本信息：

主持人：幸福学校的数学老师——米苏。

挑战者：易定书。

"守擂者——挑战者"资料

姓名	罗克	杜子藤	步青松	郝可爱	甄南银
昵称	Rock	肚子疼	不轻松	好可爱	真男人
性别	男	男扮女	男	女	男
学校	幸福	恐龙	太阳	玩不够	吹牛
特征	爱玩游戏	摸头发放电蝴蝶结	眼神飘忽紧张不停擦汗	卖萌可爱玩吉他	耍酷拿大笔转笔

例 题

5位守擂者和1位挑战者（易定书）进行淘汰赛选出最终获胜者，一共赛几场？

方法点拨

因为一场比赛淘汰1个人，现在共有6人，一共赛6-1=5（场），最后剩下的是获胜者。

牛刀小试

6位同学，每两两都要交手，循环积分，得分最高者为最后获胜者。一共要赛几场才能出结果？

罗克大显身手

"比赛马上开始！挑战者和守擂者轮流在10秒内答题。挑战者先答题！"

只听"叮"一声铃响，比赛立时开始。台上屏幕亮出第一道题和10秒的倒计时。

主持人快速读出题目："平年全年365天，请问闰年全年有多少天？"

易定书不停快速翻阅他面前的书，在书中找答案："366天。"

主持人继续读题："一个世纪有多少年？"

罗克自信地回答道："100年。"

"时钟刚敲了13下，你现在应该怎么做？"

易定书又不停地翻书，但怎么翻也找不到这道题的答案，他着急地说："啊？书上没这道题啊？"

屏幕上，易定书的倒数计时条发出红色警告，显示时间只剩3秒。

主持人："易同学，还有最后3秒，3、2、1！"最后3秒过去，易定书满头大汗，却一句话也说不出来。主持人转向罗克说："好，请罗克补答！"

罗克轻松一笑，说："哈哈，要去修钟了呗，太简单了！"

"回答正确！"主持人转向易定书，对他挥手告别，说，"易同学，拜拜咯！"

　　这时，易定书脚底下的底板机关突然打开，"嗖"的一声，易定书就掉了下去。

　　主持人宣布："第一轮罗克胜，请你走到挑战者的位置。"罗克自信满满地走到舞台中心。

　　主持人请罗克选择下一位守擂者。"就步青松好了！"罗克看着步青松，说道。

　　步青松紧张得不停地擦汗，说："什么？这么快就到我了，好紧张啊！"

　　由不得步青松缓过劲来，紧张的10秒轮流答题比赛即刻开始。

　　"请说出三角形面积公式。"

　　"底乘以高除以2。"罗克反应非常迅速。

　　"请说出长方形面积公式。"

　　步青松满头大汗，擦都来不及擦。"嗯……这个……呃……"

罗克看着都替他着急。"不会这么简单的题，你也答不出来吧。"

大屏幕上，步青松的倒数计时发出红色警告，显示倒数时间剩下3秒。

"最后3秒，3、2、1！好，时间结束，请罗克补……"还没等主持人说完，罗克就憋不住说出了答案："长方形面积等于长乘宽。真是小菜一碟啊！"罗克一脸骄傲。

步青松痛苦地说道："我也知道，只不过太紧张了！"

主持人说："很可惜，你知道得太晚

了，拜拜！"话毕，步青松立刻从脚下的机关掉下去了。

接下来，罗克轻松地把郝可爱和甄南银都淘汰了。比赛擂台上，就只剩下杜子藤和罗克对峙。

"比赛到了最紧张的时刻，谁能取得最后的胜利呢？是杜子藤还是罗克呢？"

"结果马上见分晓！"

荒岛课堂

平面图形的面积

《数学擂台》中，涉及三角形、长方形等的面积知识，让我们一起来整理一下小学阶段学习过的平面图形的面积吧！

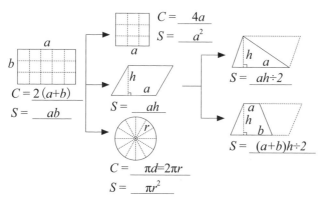

$C = \underline{4a}$
$S = \underline{a^2}$

$C = 2(a+b)$
$S = \underline{ab}$

$S = \underline{ah}$

$C = \underline{\pi d = 2\pi r}$
$S = \underline{\pi r^2}$

$S = \underline{ah \div 2}$

$S = \underline{(a+b)h \div 2}$

例 题

一个三角形的面积是25平方米，和它等底等高的平行四边形的面积是多少？

三角形面积=$\frac{1}{2}$×底×高,

平行四边形面积=底×高,

和该三角形等底等高的平行四边面积是该三角形面积的2倍。可画图辅助理解。

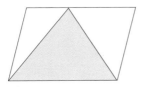 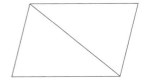

$25 \times 2 = 50$（m^2）

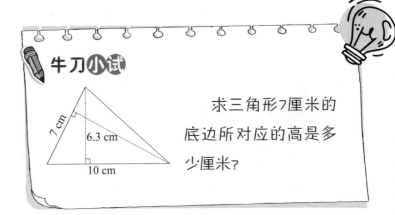

牛刀小试

7 cm
6.3 cm
10 cm

求三角形7厘米的底边所对应的高是多少厘米?

罗克与杜子藤的对决

主持人宣布："罗克，杜子藤，对决开始！"

"如何计算顺流速度？"

"顺流速度＝静水速度＋水流速度。"

"如何计算逆流速度？"

"逆流速度＝静水速度—水流速度。"

"什么是偶数？"

"能被2整除的数叫作偶数！"

"什么是质数？"

"一个数如果只有1和它本身两个约数，这样的数叫作质数！"

…………

罗克和杜子藤对答如流，互不相让，让所有观众听得目瞪口呆，根本反应不过来。

直到屏幕不再显示题目，主持人愣了一会，说道："时间到，果然是高手过招，特别精彩，罗克和杜子藤目前打成平手。让我来问问罗克，现在是什么感觉？"

"感觉很过瘾，杜子藤果然是个厉害的对手。"罗克亢奋地说道。

主持人又问："杜子藤同学，这么紧张的比赛，你会不会紧张到肚子疼？哈哈！"

"我对自己充满自信，反倒是替罗克感到紧张，毕竟他遇上的是一个如此强劲的对手。"杜子藤一副挑衅的表情瞟着罗克说道。

主持人不禁兴奋起来，说："哇！现在火药味好重哦，接下来，双方将进入加时赛！"

这时，观众席上，依依、花花、国王等

116

人看到杜子藤和罗克不分上下，难解难分，便开始议论起来。

花花一本正经地分析道："这个杜子藤不简单，冠军说不定就是她的。"一旁的UBIQ摇头摆手，发出反对的声音。

依依也支持罗克，说道："按我说，罗克一定赢！"UBIQ马上站到依依身边，不停地点头，表示支持。

花花不屑地看着依依，坚持自己的观点："我说杜子藤赢，就是杜子藤赢！"

依依也不示弱，站起来大声地说："罗克赢！"

花花用更大的声音喊道："杜子藤赢！"

四周的观众也被紧张的氛围感染，纷纷划为两个阵营，分别给罗克和杜子藤呐喊助威，场面一时热闹无比。

气氛越来越紧张，主持人说道："大屏幕将会出现一道数学题，谁得出答案了，就请按下桌面上的抢答器，最快答对题目的一方将获得最后的胜利，请看大屏幕。"

只见，大屏幕出现一道题目：

□□×□□×□＝2040，□×□×□×□＝3024。

主持人说："请双方选手在空格内依次填入数字1～9，使两道等式成立。抢答开始！"

杜子藤低着头，用笔在纸上画来画去，反复计算着。"是这个数吗？不对，不对！"

罗克思考了一会，突然灵机一动，然后果断按下抢答器，说："我算出来了！"其实按下抢答器之后罗克还在继续解题，但他抢先按下抢答器，以争取机会。

"我也算出来了！"杜子藤也按下了抢答器，但还是比罗克慢了一步。

主持人判定："罗克首先抢答，让我们看看他的答案！"

罗克抓紧最后时间，解出了这道题。

大屏幕出现罗克输入的答案：$12 \times 34 \times 6$ =2040，$6 \times 7 \times 8 \times 9$=3024。突然，屏幕出现一个红色大叉，并发出"回答错误"的提示声音。

罗克大惊道："什么？错了？"

主持人摇摇头，一脸无奈地说："罗克，很遗憾，你的答案是错误的，我们来看看杜子藤同学的答案。"

大屏幕出现杜子藤输入的答案：$12 \times 34 \times 5$=2040，$6 \times 7 \times 8 \times 9$=3024。回答正确！屏幕上出现了缤纷的彩带，观众席传来如潮的掌声！

"恭喜杜子藤同学答对了，今年的数学擂台冠军是——杜子藤同学！"主持人把奖杯送到杜子藤同学手里，"祝贺你获得冠军，请你说说感言。"

杜子藤接过奖杯，一脸得意地说："我早就知道，我一定会赢。罗克，你怎么会是我的对手呢，哈哈哈！"杜子藤笑得越来越

放肆，笑声越来越像校长。

罗克再次提出疑问："杜子藤，你怎么这么像校长啊？"

得意的杜子藤被罗克突然一问，显得格外慌张，连忙打岔说："我听不懂你说什么！"杜子藤看了看手表，"哼，时间快到了，你下去吧，拜拜！"说着，罗克脚底的机关打开，罗克惊呼着掉了下去。

机关下，是一间黑黑的房子，罗克掉在了一个大网里面。"怎么回事？这和说好的不一样啊。"罗克想爬起来，身体却被大网粘住，好像虫子被蜘蛛网牢牢粘住不能弹动

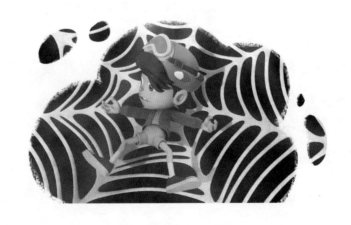

一样。这时，他耳边还传来了一阵阵鼾声。
罗克吓得害怕地大喊："有人吗？救命啊，
救命啊!"

角落里，Milk被罗克的声音惊醒。

"哈哈，罗克，为了等你，我睡到肚子
都饿了。"Milk边说，边走向罗克。

罗克高兴地说："Milk，原来真是你，
太好了，快放我出去吧！"

"不行，校长会骂我的，还会没收我的
蛋糕、火腿肠……"Milk边说，边一步一步
逼近罗克，然后用一块大布把罗克整个人都
盖住了。

罗克吓得大喊："啊！Milk你干吗？
UBIQ，救命啊！"

算式谜（2）

"数字谜"也叫"算式谜""虫蚀算"。为什么叫"虫蚀算"呢？这是因为古代没有很好的防虫措施，书上的一些算式常常被虫子吃掉一部分，人们在看书的时候，就得想办法，根据剩下的部分，来判断吃掉的是什么数。

算式谜有横式算式谜、竖式算式谜两种。我们来分析一下让罗克失分的这道算式谜。

例　题

在空格内依次填入数字1～9，使两道等式成立。

□□×□□×□=2040，□×□×□×□=3024。

罗克的答案：   杜子藤的答案：

$12 \times 34 \times 6 = 2040$ $12 \times 34 \times 5 = 2040$

$6 \times 7 \times 8 \times 9 = 3024$ $6 \times 7 \times 8 \times 9 = 3024$

两相对比，我们发现，罗克错把"5"写成"6"了！"大意失荆州"！那么，这道算式谜的关键在哪里？5的位置确定！5必定在积为2040的算式中，而且只能在个位。另外，第二个算式中四个数连乘等于3024，可分解质因素$3024 = 2 \times 2 \times 2 \times 2 \times 3 \times 3 \times 3 \times 7$，即可得出相乘的四位数。

牛刀小试

在下面的□里填上合适的数字。

$$(1)\quad 6\overline{)\begin{array}{c} \square\square0 \\ \hline \square\square\square \\ \square \\ \hline \square\square \\ \square\square \\ \hline \square\square \\ \hline 0 \end{array}}$$

$$(2)\quad \begin{array}{r} \square\square \\ \times\ 9\square \\ \hline 6\square\square \\ 6\square4 \\ \hline \square\square\square8 \end{array}$$

被绑架的罗克

比赛现场，广播播放着清场的提示："《数学擂台》已经结束，请各位观众有序退场。"观众也陆陆续续离场了，但国王等人还坐在位置上等着罗克。

依依踮起脚尖四处张望，说："罗克怎么还不出来？"

花花说：“一定是输了比赛，觉得难为情了呗！”

国王着急地看看手表上的时间，说："还有半小时，就到愿望之码出题的时间了。罗克也真是的，这时候还害什么羞啊？加、减、乘、除！"

加、减、乘、除应道："在！"

"你们去找找罗克！"

"是，国王！"加、减、乘、除应声四散，去执行任务了。

这时，郝可爱从国王身边路过，听到了他们在说找罗克的事，于是上前说道："你们在找罗克吗？刚才我看见，他被一个奇怪的奶瓶带走了。"

UBIQ的屏幕上立马出现了Milk的画像！

郝可爱看着画像说："对，就是这个家伙。"

国王当机立断地指挥大家说："现在听

我的，花花、依依、小强先去广场答题，我和UBIQ去找罗克！"

花花、小强、依依齐声应道："是！"

校车上，Milk将装着罗克的箱子放在旁边的位置上，摸摸脑袋上的汗，一脸满足地说："终于完成任务了！今晚校长一定会多奖励我一根火腿肠，还有蛋糕……"Milk幻想着今晚的美餐。

箱子里的罗克不停扭动身体想挣脱出来，不停喊道："放我出去，放我出去！"

Milk没有理会罗克，吹着口哨走到驾驶位。"啦啦啦啦啦，开车回家睡觉啰！"

Milk转动车钥匙，启动车子，当校车的门快要关上的时候，突然UBIQ的长手伸进了车门缝隙，使劲撑开校车门。

Milk大吃一惊道："UBIQ，你……你……你怎么来了，车上没位置了！"UBIQ跳上车，朝Milk比了一下拳头，威胁Milk交出罗克。这时，国王也跟着上了车。

Milk大惊道："国……国、国王，你怎么也来了？"

国王质问："Milk，是不是你抓了罗克？"

"没……没……"Milk一边说一边转头望向旁边的位子。困在箱子里不停挣扎的罗克听到UBIQ和国王的声音，连忙大喊："我在这里，我在这里！"

国王和UBIQ想看看Milk还能怎么狡辩。Milk吓得一头冷汗，颤抖地说："这个时候，还是晕了比较好。呃，我晕了……"说完，Milk立刻晕倒在方向盘上。国王和UBIQ翻了个白眼，立刻把罗克从箱子解救出来。

装罗克的箱子

生活中常见的冰箱，洗衣机，快递包装盒等，一般都是长方体或正方体。长方体（正方体）的表面积是指6个面的总面积，体积是指所占空间的大小，容积是指所容纳物体的体积。

长方体的表面积=（长×宽+长×高+宽×高）×2

正方体的表面积=棱长×棱长×6

长方体（正方体）的体积=底面积×高，用字母表示为：$V=Sh$

例 题

装罗克的箱子是一个长方体，从里面量，底面是一个边长为50厘米的正方形，高是1.5米。算一算，这个箱子的容积多大？

$V_{长方体}=Sh$

50厘米=5分米　　1.5米=15分米

5×5×15=375（立方分米）

所以，这个箱子的容积是 375 立方分米。

 牛刀小试

　　装罗克的箱子是一个长方体，从外面量，底面是一个边长为54厘米的正方形，高是1.54米。算一算，这个箱子用了多大面积的纸皮？

（黏合处忽略不算）

女装校长真好玩

　　此时的广场上，大钟准时响起了十二点的钟声。那个来自数学荒岛的宝物就要出现了。

　　"愿望之码出题时间，答对者，将实现愿望。"愿望之码发出的声音在整个广场回荡，紧接着从愿望之码内漫延出的能量慢慢将整个广场包围，一个半透明的半圆球即将把广场包围，只要广场被包围住，那在答题其间就没有人能够进入，这就是被称为愿望之码广场的区域。

　　"算一算，想一想，实现愿望靠自己。

大家好，又到了我愿望之码出题的时间了。"

只见，校长仰头得意地看着愿望之码，信心十足地说："哈哈，这次没有大家，只有我一个人。"

"谁说的？我们来了！"依依的声音突然从后面传来，校长惊讶地转身一看，只见依依、花花、小强喘着气刚好赶到。

校长吃惊地说："你……你们怎么来了？"

依依、花花、小强却看着校长愣了一下，然后爆笑。

花花笑得停不下来，说道："这是、是、是……校长吗？哈哈哈哈，怎么变成女生了？"

依依揶揄地说："校长，你的化妆技术真厉害，哈哈哈！"

校长连忙跑到喷泉边，从水里的倒影看见自己烈焰红唇的样子。"赶着过来，忘记卸妆了！"校长用手抹掉眼睛上的眼影、嘴

唇上的口红。

"哼！你们笑吧！再笑也改变不了马上要输给我的事实！"

依依皱着眉头说："可恶，愿望之码的题目，我……我也是可以回答的！"

校长看着即将成形的能量半球，得意地哈哈大笑起来，说道："哈哈哈，小朋友们，你们别笑掉我的大牙，就算我先让你们回答，你们也答不出来的，不如直接认输吧，别浪费大家的时间。"

依依有点心虚地说："谁说我答不出来？"然而就在愿望之码广场即将封闭之际，依依回头一看，罗克正站在UBIQ变成的小火箭上飞来。只见UBIQ伸长的手突然

从能量球边缘伸进来，抓住了栏杆。另一头，罗克抱着UBIQ一起荡了进来！他们刚刚落地，愿望之码广场就彻底封闭了。依依惊喜地喊道："罗克来了!"

"哈哈哈，罗克怎么可能会来，哈哈……"校长大笑道。

"校长，又让你失望了！"罗克的声音从他身后传来。

听到罗克的声音，校长突然反应过来，笑声戛然而止，大惊道："什么？罗克真的来了！"校长抬头一看，只见，罗克已经站到了大家的身边。

校长惊讶地质问道："你……你怎么跑出来了？"

罗克指着校长说："校长，是不是很意外啊？Milk把所有事情都告诉我了，原来你今天不是肚子疼，而是去扮杜子藤了。"

依依、小强、花花等人一脸惊讶地说："原来如此，校长真坏。"

花花也一脸看不起地吐槽说："为了达到目的，你居然男扮女装，还扮得这么丑，简直无耻。"

这时候，愿望之码发出出题指令："大家请听题，今天的题目是这样的：加的体重为80千克，减的体重为42千克，乘的体重为38千克，除的体重为65千克，那么他们的平均体重是多少千克？请在30秒内作答，答错将由另一方补答。"

校长还在生着气，罗克已经立刻喊出了答案："56.25千克！"

校长大吃一惊，恼羞成怒，骂道："罗克，你是不是随便蒙了个答案？"

罗克一脸自信地说："那我就算给你看吧。你竖起耳朵听好啰！加的体重为80千克，减的体重为42千克，乘的体重为38千克，除的体重为65千克，只要把四人的体重相加再除以4，就可以得出答案，即(80+42+38+65)÷4=56.25（千克）。"愿望之码回应道："回答正确！"

依依、花花、小强开心地互相击掌，欢呼道："哦耶，答对了！"

"都是Milk坏了我的计划，等回到家，我一定要好好教训他！"校长深深不忿，一边骂着Milk，一边转身就想走。

"欸，校长，输了可别急着走啊，好戏还在后头呢！"罗克叫住了校长，笑嘻嘻地看着他。

愿望之码说："罗克，说出你的愿望，让我为你实现吧。"

罗克奸笑着问校长："校长，你不是很喜欢扮女生吗？"

校长急忙摇头，摆手否认说："没……没……"

罗克笑嘻嘻地说："我的愿望就是，让校长再变成杜子藤，在广场上娱乐大家。"

校长一想到自己要扮女装，被所有人看笑话，吓得大叫起来："不要啊……我不要

做杜子藤……"

愿望之码根本不听校长的求饶，一如既往地说道："愿望之码，如你所愿。"一道光芒落在校长的身上，校长立刻变成杜子藤的样子。

"耶！成功了！"小强、花花、依依、罗克等人看着这个丑丑的"杜子藤"一脸崩溃的样子，都哈哈大笑起来。

这时，花花突然想起来一件事，对依依说道："喂，依依，你要给小强洗一个月的鞋子，可别忘了啊！"

依依吃惊地问："什么？"

小强在一旁补刀说："嗯，还有袜子！"

罗克好奇地问道："哈哈，发生什么事了，依依怎么这么听话，给小强洗鞋子和袜子？"

原来依依和小强打赌，依依赌罗克会赢得比赛，否则给小强洗一个月的鞋子和袜子。

依依生气地看着罗克，想起都是因为他

输了《数学擂台》比赛，自己才会沦落到要帮小强洗鞋子和袜子，不由得就把怨气发泄在罗克的身上，生气地说："罗克，还不是你害的，讨厌！"说着，依依拿出抹布，追着罗克，要好好教训他一顿。

不明所以的罗克，一边跑，一边大喊着救命："这和我有什么关系啊，别追我，不关我的事啊！啊！救命啊……"

小强、花花看着俩人你追我躲的，忍不住哈哈大笑了起来。就这样，美好的一天，在大家的欢笑声中，完美地结束了。

平均数

平均数是统计中的一个重要概念。小学数学里所讲的平均数一般是指算术平均数。它是表示一组数据集中趋势的量数，是一个虚拟的数，介于最大值和最小值之间。

例 题

加的体重为80千克，减的体重为42千克，乘的体重为38千克，除的体重为65千克，那么他们的平均体重是多少千克？

方法点拨

只要把加、减、乘、除四人的体重相加再除以4，就可以得出答案，即

(80+42+38+65)÷4=56.25（千克）

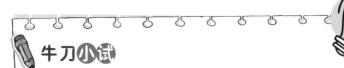

牛刀小试

五个数从小到大排列

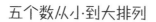

把五个数从小到大排列，其平均数是
38。前三个数的平均数是27，后三个数的
平均数是48。中间的数是多少？

蛋糕节风波

● 1. 奇怪的闹钟

【荒岛课堂】算式谜（1）

【答案提示】

$3×4=12=60÷5$　　关键：□□÷□=□2

● 2. 早起的鸟儿有虫吃

【荒岛课堂】冰箱的体积和容积

【答案提示】

因为体积的计算数据是从外面量的，而容积的数据是从冰箱里面量的。冰箱本身有厚度。

● 3. 校长的新阴谋

【荒岛课堂】蛋糕的尺寸

【答案提示】

$18×2.54=45.72$（cm）

(18−6)÷2+1=7（磅）

7×0.4536=3.1752（kg）

4. 国际象棋的黑白格

【荒岛课堂】奇偶性（1）

【答案提示】

偶数

5. 蛋糕比赛

【荒岛课堂】制作蛋糕

【答案提示】

低筋面粉和玉米淀粉的最简比为9∶2，140÷（9−2）×9=180（克）。

6. 老师和依依的矛盾

【荒岛课堂】多层蛋糕的体积

【答案提示】

3.14×15×15×6−3.14×10×10×6

=125×6×3.14

=2355（cm³）

7. 误打误撞发现阴谋

【荒岛课堂】奇偶性（2）

【答案提示】

全诗每句字数一样，共有4句。4为偶数，一个数×偶数=偶数。

8. 依依的努力

【荒岛课堂】圆心角

【答案提示】

$360° \div (2 \times 2 \times 2)$

$=360° \div 8$

$=45°$

9. 谁的蛋糕最好吃

【荒岛课堂】分数解决问题

【答案提示】

一样多，160 g。

● 10. 谁能吃到花花的蛋糕

【荒岛课堂】假设法

【答案提示】

由于只有一个容器里装满牛奶，可以先假设牛奶的体积，进而推算出装水的、装油的和空的容器。

● 11. 校长要中招了

【荒岛课堂】容斥问题

【答案提示】

70人

数学擂台

● 1. 小气的校长

【荒岛课堂】逆推法

【答案提示】

5

3. 校长的侄女"肚子疼"

【荒岛课堂】计划与实际的问题解决

【答案提示】

$72 \times 10 \div (72-12) = 12$（天）

4. 奇奇怪怪的对手

【荒岛课堂】循环赛和淘汰赛

【答案提示】

$5+4+3+2+1=15$（场）

5. 罗克大显身手

【荒岛课堂】平面图形的面积

【答案提示】

设所求的高是x厘米

$7x=6.3 \times 10$

$x=9$

6. 罗克与杜子藤的对决

【荒岛课堂】算式谜（2）

【答案提示】

（1）720÷6=120

780÷6=130　　840÷6=140

900÷6=150　　960÷6=160

（2）76×98=7448

7. 被绑架的罗克

【荒岛课堂】装罗克的箱子

【答案提示】

1.54米=154厘米

54×54×2+54×154×4=39 096（平方厘米）

8. 女装校长真好玩

【荒岛课堂】平均数

【答案提示】35

数学知识对照表

146

图书在版编目（CIP）数据

罗克数学荒岛历险记. 7，数学擂台争霸赛／达力动漫著. —广州：广东教育出版社，2020.11

ISBN 978-7-5548-3167-0

Ⅰ.①罗… Ⅱ.①达… Ⅲ.①数学—少儿读物 Ⅳ.① O1-49

中国版本图书馆 CIP 数据核字（2019）第 290493 号

策 划：陶 己 卞晓琰
统 筹：徐 枢 应华江 朱晓兵 郑张昇
责任编辑：李 慧 惠 丹 马曼曼
审 订：李梦蝶 苏菲芷 周 峰
责任技编：姚健燕
装帧设计：友间文化
平面设计：刘徵羽 钟玥珊

罗克数学荒岛历险记 7 数学擂台争霸赛
LUOKE SHUXUEHUANGDAO LIXIANJI 7 SHUXUE LEITAI ZHENGBASAI

广东教育出版社出版发行
（广州市环市东路 472 号 12—15 楼）
邮政编码：510075
网址：http://www.gjs.cn
广东新华发行集团股份有限公司经销
广州市岭美文化科技有限公司印刷
（广州市荔湾区花地大道南海南工商贸易区 A 幢 邮政编码：510385）
889 毫米 ×1194 毫米 32 开本 5 印张 100 千字
2020 年 11 月第 1 版 2020 年 11 月第 1 次印刷
ISBN 978-7-5548-3167-0
定价：25.00 元
质量监督电话：020-87613102 邮箱：gjs-quality@nfcb.com.cn
购书咨询电话：020-87615809